Uchenna Okwudili Anekwe

Natureza invisível de um objeto exposto à deteção por radar

Uchenna Okwudili Anekwe

Natureza invisível de um objeto exposto à deteção por radar

A ciência da invisibilidade

ScienciaScripts

Imprint

Any brand names and product names mentioned in this book are subject to trademark, brand or patent protection and are trademarks or registered trademarks of their respective holders. The use of brand names, product names, common names, trade names, product descriptions etc. even without a particular marking in this work is in no way to be construed to mean that such names may be regarded as unrestricted in respect of trademark and brand protection legislation and could thus be used by anyone.

Cover image: www.ingimage.com

This book is a translation from the original published under ISBN 978-620-2-07473-5.

Publisher:
Sciencia Scripts
is a trademark of
Dodo Books Indian Ocean Ltd. and OmniScriptum S.R.L publishing group

120 High Road, East Finchley, London, N2 9ED, United Kingdom
Str. Armeneasca 28/1, office 1, Chisinau MD-2012, Republic of Moldova, Europe
Printed at: see last page
ISBN: 978-620-7-89860-2

ÍNDICE DE CONTEÚDOS

AGRADECIMENTOS

Quero agradecer a presença do meu supervisor de projeto, Dr. Jitendra K. Rai, pelo seu apoio benevolente aos meus estudos. Quero também agradecer aos meus amigos e simpatizantes pelo seu apoio ao meu percurso académico. Quero também agradecer a presença dos meus queridos pais, Sr. e Sra. Felix Okwudili Anekwe, por todo o seu apoio, financeiro, espiritual, moral, etc., no meu percurso académico.

Por último, quero também reconhecer a presença de Deus todo-poderoso, fonte de sabedoria e inspiração.

DEDICAÇÃO

Este projeto é dedicado a Deus todo-poderoso, fonte de sabedoria e inspiração.

Resumo

A invisibilidade pode parecer coisa de ficção científica (lembra-se do "Dispositivo de camuflagem" do Star Trek?), mas, na realidade, os veículos militares, como aviões e navios, *podem* tornar-se menos observáveis, ou mesmo invisíveis, a diferentes métodos de deteção - como o radar, o sonar ou os sensores de infravermelhos - utilizando *tecnologia furtiva*. Neste projeto, vamos tentar tornar a invisibilidade uma realidade. Este projeto envolve a utilização de diferentes formas 3D e papel com textura, em que os raios de luz de uma fonte electromagnética, como a lâmpada LED, são propagados através de cada forma personalizada de cor diferente, a fim de determinar qual a forma e a cor da textura que dispersa mais luz, tornando-a assim menos visível à deteção por radar. Depois de descobrir a forma mais eficiente, foi construído um objeto semelhante em folha de alumínio em vez de papel e as suas propriedades de dispersão da luz foram testadas, tendo sido construído um avião personalizado com base nesse objeto. A partir da experiência realizada, verificou-se que a forma da libélula construída com folha de alumínio regista a maior iluminância individual num ângulo de 45 graus e, de um modo geral, dispersa mais luz do que a outra libélula feita com uma textura de cor diferente, porque a folha de alumínio estava ligeiramente amarrotada, o que dispersava mais luz.

CAPÍTULO 1

1. Introdução

Os cientistas e engenheiros estão a trabalhar em tecnologia furtiva para tornar os veículos militares e as armas menos visíveis ou mesmo invisíveis à deteção por radar. A tecnologia furtiva inclui muitos métodos que diminuem a distância a que um objeto pode ser detectado por radar, infravermelhos, sonar ou outros meios.

O que é que significa ser invisível?

A "invisibilidade" é o estado de um objeto que não pode ser visto. O termo é frequentemente utilizado na fantasia/ficção científica, onde os objectos são literalmente tornados "não visíveis" por meios mágicos ou tecnológicos, no entanto, o seu efeito também pode ser demonstrado no mundo real, utilizando os princípios da física.

O radar é um sistema de deteção que detecta a localização, a velocidade e a direção de um objeto através do envio de ondas de rádio. As ondas fazem ricochete num objeto e o radar fica à espera de um "eco". Medindo o tempo que o eco demora a chegar e a alteração da frequência durante o eco, é possível saber a distância e a velocidade.

O radar foi desenvolvido durante a Segunda Guerra Mundial. RADAR foi inicialmente um acrónimo para radio detection and ranging (deteção de rádio e alcance). Desde o seu desenvolvimento, o radar tem atualmente muitas aplicações. Estas incluem o radar marítimo, o controlo do tráfego aéreo, o sistema anti-míssil, os sistemas de localização de alvos de mísseis guiados, a vigilância do espaço exterior e o radar de penetração no solo.

A redução da secção transversal do radar de um avião pode ajudar a torná-lo mais furtivo. No passado, a secção transversal do radar era determinada apenas pelo tamanho de uma aeronave. Atualmente, a tecnologia furtiva está a ser desenvolvida e podem ser utilizadas mais qualidades para determinar a secção transversal do radar de uma aeronave.

A secção transversal do radar pode ser reduzida de acordo com cada uma das seguintes opções:

1. Construir o avião sem partes móveis.

2. Utilizar materiais feitos de duas ou mais substâncias, chamados materiais compósitos, como a fibra de carbono, em vez de materiais de uma só substância, como o metal.

3. Utilização de materiais absorventes de radar na pele da aeronave, tais como revestimentos de ouro.

4. Criar o avião de modo a que este contenha arestas vivas e superfícies planas.

1.1 Importância do estudo

A importância do trabalho do projeto reside no facto de dar uma imagem clara da forma, textura e cor perfeitas de qualquer objeto personalizado (por exemplo, um avião) que pode ser menos visível ou invisível quando exposto à deteção por radar através da ótica, antes de criar o objeto personalizado na realidade.

1.2 Finalidade e objectivos

O objetivo deste projeto é determinar qual a forma 3D e textura do objeto de papel que dispersa mais luz, tornando-o menos visível à deteção por radar. Depois de descobrir a forma mais eficiente, será construída uma folha de alumínio semelhante em vez de papel e as suas propriedades de dispersão da luz serão testadas e, com base nelas, será construído um avião personalizado.

Para atingir o objetivo acima referido, foram fixados os seguintes objectivos para o projeto

1. Determinar que papel de forma e textura diferentes será menos visível ou invisível quando exposto à deteção por radar.

2. Para determinar a intensidade da luz, tal como é percebida pelo olho humano, que atinge ou atravessa uma superfície

3. Determinar quais as formas geométricas tridimensionais que dispersam mais luz.

1.3 Âmbito do estudo

Este projeto abrange os raios de luz do espetro eletromagnético que incidem sobre um objeto de forma e textura diferentes, exposto à deteção por radar.

1.4 Limitação

Este projeto limita-se à utilização de uma fonte de luz monocromática devido ao seu único comprimento de onda e ao facto de estarmos interessados em tornar um objeto de diferentes formas e texturas menos visível ou invisível quando exposto à deteção por radar, pelo que a fonte de luz deve ser electromagnética e sabemos que a fonte de luz electromagnética contém mais do que um comprimento de onda.

1.5 Hipóteses:

1. As formas amassadas podem dispersar mais luz do que as formas não amassadas porque as formas amassadas têm muitas superfícies angulares pequenas que dispersam muita luz.

2. A forma de W (2 arestas viradas para a luz) é a que dispersa mais luz porque tem muitas superfícies planas e arestas vivas. Estas são qualidades que diminuem a quantidade de luz reflectida para um detetor de radar. O cilindro é o que menos luz dispersa porque é muito redondo, o que é uma qualidade que reflecte muita luz.

3. As formas feitas com papel de construção dispersarão mais luz do que as formas feitas com papel branco simples, porque a sua textura causará menos reflexão, semelhante a um material composto.

4.   A forma furtiva da asa do avião será a melhor para escapar à deteção por radar porque dispersa a maior parte da luz devido às suas muitas superfícies planas e angulares.

5.   O avião construído com folha de alumínio dispersará menos luz do que o avião feito com papel branco simples, porque o alumínio é um refletor forte, que reflecte mais ondas de luz para o Luxímetro do que o papel branco.

CAPÍTULO 2

2. Revisão da literatura

Este trabalho de projeto é analisado à luz de algumas teorias e experiências realizadas por alguns cientistas ao longo dos séculos passado e presente. Algumas das quais incluem:

2.1 Aviões furtivos

Fig.2.1:   Um avião de ataque terrestre furtivo F-117A Nighthawk.

Fonte: (Wikipedia)

A furtividade ou baixa observabilidade (como é cientificamente conhecida) é um dos conceitos mais incompreendidos e mal interpretados na aviação militar pelo homem comum. As aeronaves furtivas são consideradas como aeronaves invisíveis, que dominam os céus. Com o impulso adicional dos filmes de ação de Hollywood, a furtividade é hoje designada como o conceito de invencibilidade e não de invisibilidade. Embora ainda se discuta se a tecnologia furtiva pode tornar um avião invencível, verificou-se que os aviões furtivos são detectáveis por radar. O motivo subjacente à incorporação de tecnologia furtiva numa aeronave não é apenas evitar que sejam disparados mísseis contra ela, mas também dar total negação a operações secretas. Isto é muito útil para atingir alvos onde é impossível chegar. Assim, podemos dizer claramente que o trabalho de um piloto de avião furtivo é não deixar que os outros saibam que ele esteve lá.

Em termos simples, a tecnologia stealth permite que uma aeronave seja parcialmente invisível ao radar ou a qualquer outro meio de deteção. Isto não permite que a aeronave seja totalmente invisível ao radar. A tecnologia furtiva não pode tornar a aeronave invisível ao radar inimigo ou amigo. Tudo o que pode fazer é reduzir o alcance de deteção de uma aeronave. Isto é semelhante às tácticas de camuflagem utilizadas pelos soldados na guerra na selva. A menos que o soldado se aproxime de nós, não o conseguimos ver. Embora isto proporcione uma distância de ataque clara e segura para a aeronave, existe ainda a ameaça dos sistemas de radar, que podem detetar aeronaves furtivas.

O sistema de radar russo 1R13 é muito capaz de detetar o caça furtivo F-117 "Night Hawk". Existem também outros sistemas de radar fabricados noutros países, que são capazes de detetar o F-117. Durante a guerra do Golfo, os iraquianos foram capazes de detetar o F-117, mas não conseguiram eliminar a sua ameaça devido à falta de coordenação. O incidente mais inesquecível envolvendo a deteção e eliminação de um avião furtivo foi durante a guerra aérea da NATO sobre a Jugoslávia. Este facto foi conseguido por um SAM "não muito avançado" de fabrico russo (possivelmente o SA-3 ou o SA-6). Neste caso, o sistema SAM utilizou presumivelmente a deteção ótica para a aquisição do alvo.

2.1.1 Desvantagens da tecnologia furtiva

A tecnologia furtiva tem as suas próprias desvantagens, tal como outras tecnologias. Os aviões furtivos não podem voar tão depressa ou não são manobráveis como os aviões convencionais.

O avião F-22 e os aviões da sua categoria provaram que isto está errado até certo ponto. Embora o F-22 possa ser rápido ou manobrável, não pode ir além de Mach 2 e não pode fazer curvas como o Su-37. Outra desvantagem grave da aeronave furtiva é a quantidade reduzida de carga útil que pode transportar. Como a maior parte da carga útil é transportada internamente numa aeronave furtiva para reduzir a assinatura de radar, as armas só podem ocupar uma quantidade menor de espaço interno.

Por outro lado, uma aeronave convencional pode transportar muito mais carga útil do que qualquer aeronave furtiva da sua classe. Qualquer que seja a desvantagem de um avião furtivo, a maior de todas as desvantagens que enfrenta é o seu custo. Os aviões furtivos custam literalmente o seu peso em ouro. Os caças em serviço e em desenvolvimento para a USAF, como o B-2 (2 mil milhões de dólares), o F-117 (70 milhões de dólares) e o F-22 (100 milhões de dólares) são os aviões mais caros do mundo. Após a Guerra Fria, o número de bombardeiros B-2 foi reduzido drasticamente devido ao seu preço e custos de manutenção surpreendentes. Há uma solução possível para este problema. Recentemente, as empresas russas de design Sukhoi e Mikhoyan Gurevich (MiG) desenvolveram caças que terão um preço semelhante ao do Su-30MKI. Este pode ser um passo positivo para tornar a tecnologia furtiva acessível aos países do terceiro mundo.

2.1.2 Vantagens e aplicações

As vantagens da furtividade aplicam-se não só às plataformas, mas também a muitas armas. As munições anti-superfície, como as JSOW, JASSM, Apache/SCALP/Storm Shadow, Taurus/KEPD e muitas outras, são especificamente moldadas e tratadas para minimizar as suas assinaturas de radar e IR. Isto tem duas vantagens úteis: Por um lado, a própria arma torna-se menos vulnerável aos sistemas defensivos inimigos, o que significa que menos armas lançadas serão abatidas antes de atingirem o(s) seu(s) alvo(s). Isto, por sua vez, significa que é necessário afetar menos armas e as suas plataformas-mãe a uma determinada missão e, finalmente, o resultado final é que um maior número de alvos pode ser atingido com confiança por uma determinada força. O outro benefício é a vantagem da surpresa e o seu efeito nos casos em que é essencial reduzir o tempo de reação disponível dos inimigos. Um bom exemplo de tal situação é um ataque OCA típico contra um aeródromo. Se forem utilizadas aeronaves de ataque não furtivas ou armas stand-off, é bastante provável que sejam detectadas a uma distância suficientemente grande para que o inimigo tenha algum tempo disponível (mesmo que apenas 4-5 minutos) para colocar muitas das suas aeronaves prontas a voar no ar e levá-las para outro local para as preservar. Se os aviões que estão a ser lançados no ar incluírem caças de alerta armados (uma medida de proteção comum), estes podem contribuir imediata e ativamente para os princípios básicos da defesa contra o ataque que se aproxima. Em contraste com uma situação em que, como resultado da utilização de armas e/ou plataformas furtivas, a base é apanhada praticamente a dormir e o ataque é detectado tão perigosamente perto que o inimigo não tem tempo para colocar nada no ar, podendo apenas contar com as suas defesas terminais terrestres. Isto pode significar a diferença entre a base sofrer poucos ou nenhuns danos e ser virtualmente obliterada

2.2 Dispositivo de camuflagem

Um **dispositivo de camuflagem** é uma tecnologia furtiva teórica ou fictícia que pode fazer com que objectos, como naves espaciais ou indivíduos, fiquem parcial ou totalmente invisíveis em partes do espetro eletromagnético (EM). No entanto, em todo o espetro, um objeto camuflado dispersa-se mais do que um objeto não camuflado (Monticone e Alu, 2003).

Os dispositivos de camuflagem fictícios têm sido utilizados como dispositivos de enredo em vários meios de comunicação durante muitos anos. Os desenvolvimentos na investigação científica mostram que os dispositivos de camuflagem do mundo real podem ocultar objectos de, pelo menos, um comprimento de onda das emissões electromagnéticas. Os cientistas já utilizam materiais artificiais chamados metamateriais para dobrar a luz em torno de um objeto (Sledge, 2013).

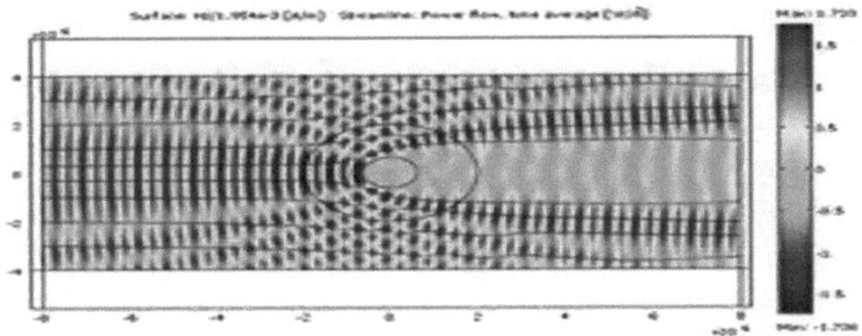

Fig.2.2.a Um dispositivo de camuflagem com raios de luz a serem propagados através dele. (Fonte: Wikipédia).

Simulação do funcionamento de um dispositivo de camuflagem. Dispositivo de camuflagem desativado: A luz é reflectida e absorvida pelo objeto, tornando-o visível

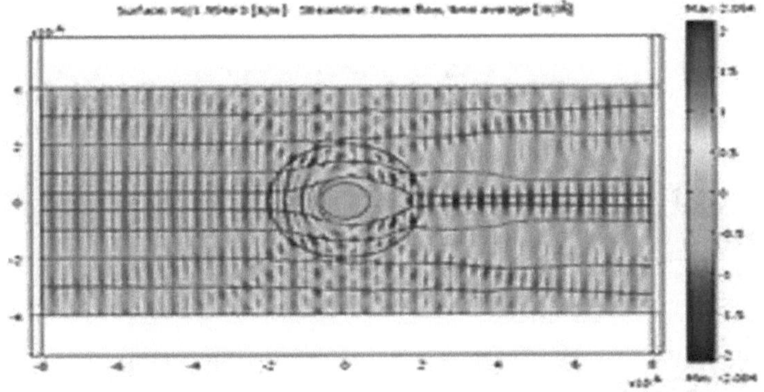

Fig.2.2b Um dispositivo de camuflagem que reflecte e absorve os raios de luz que entram.

Fonte :(Wikipédia).

Simulação do funcionamento de um dispositivo de camuflagem. Dispositivo de camuflagem ativo: A luz é desviada à volta do objeto, tornando-o invisível.

2.2.1 Camuflagem ativa

A camuflagem ativa (ou *camuflagem adaptativa)* é um grupo de tecnologias de camuflagem que permite que um objeto (geralmente de natureza militar) se misture com o seu ambiente através da utilização de painéis ou revestimentos capazes de alterar a cor ou a luminosidade. A camuflagem ativa pode ser vista como tendo o potencial para se tornar a perfeição da arte de camuflar objectos da deteção visual.

2.2.2 Camuflagem ótica

A camuflagem ótica é um tipo de camuflagem ativa em que se usa um tecido em que é projectada uma imagem da cena diretamente atrás do utilizador, de modo a que este pareça invisível. A desvantagem deste sistema é que, quando o utilizador camuflado se move, é frequentemente gerada uma distorção visível à medida que o "tecido" acompanha o movimento do objeto. Por enquanto, o conceito existe apenas em teoria e em protótipos de prova de conceito, embora muitos especialistas o considerem tecnicamente viável.

Foi noticiado que o exército britânico testou um tanque invisível.

Josh (2007). A Mercedes demonstrou um carro invisível utilizando LED e câmara em 2012. (Tony, 2004).

Fig.2.2.2 Um manto que utiliza uma camuflagem ótica (Fonte: Wikipedia).

Um manto com camuflagem ótica de Susumu Tachi. Esquerda: O tecido visto sem um dispositivo especial. À direita: O mesmo tecido visto através do projetor de meio-espelho que faz parte da Tecnologia de Projeção Retro-reflexiva.

2.3 Chroma key

A composição Chroma key, ou Chroma keying, é uma técnica de produção de efeitos especiais/pós para compor (sobrepor) duas imagens ou fluxos de vídeo com base em matizes de cor (gama Chroma). A técnica tem sido muito utilizada em muitos campos para remover um fundo do objeto de uma fotografia ou vídeo - em especial nas indústrias de casting de notícias, filmes e jogos de vídeo. Uma gama de cores na camada superior é tornada transparente, revelando outra imagem por detrás. A técnica de Chroma keying é normalmente utilizada na produção e pós-produção de vídeo. Esta técnica é também designada por color keying, color-separation overlay (CSO; principalmente pela BBC) Risson (2015), ou por vários termos para variantes específicas relacionadas com a cor, como ecrã verde e ecrã azul - o chroma keying pode ser feito com fundos de qualquer cor que sejam uniformes e distintos, mas os fundos verdes e azuis são mais frequentemente utilizados porque diferem mais nitidamente em tonalidade da maioria das cores da pele humana.

Nenhuma parte do objeto que está a ser filmado ou fotografado pode duplicar uma cor utilizada no fundo. (Wilson, 2011). É habitualmente utilizado em emissões de previsões meteorológicas, em que um apresentador de notícias é normalmente visto em frente a um grande mapa CGI durante os noticiários televisivos em direto, embora na realidade se trate de um grande fundo azul ou verde. Quando se utiliza um ecrã azul, são acrescentados mapas meteorológicos diferentes nas partes da imagem em que a cor é azul. Se o apresentador do noticiário usar roupas azuis, as suas roupas também serão substituídas pelo vídeo de fundo. É utilizado um sistema complementar para os ecrãs verdes. O Chroma keying é também utilizado na indústria do entretenimento para efeitos especiais em filmes e videojogos. O estado avançado da tecnologia e muitos programas informáticos disponíveis no mercado, como o Autodesk Smoke, o Final Cut Pro, o Pinnacle Studio, o Adobe After Effects e dezenas de outros programas informáticos, tornam possível e relativamente fácil para o utilizador médio de computadores domésticos criar vídeos utilizando a função "Chroma key" com kits de ecrã verde ou azul facilmente acessíveis.

Fig.2.3. Camadas de fundo de um fluxo de vídeo utilizando um Chroma key. Fonte: (Wikipedia) A praticidade atual da composição em ecrã verde é demonstrada por Iman Crosson num vídeo do YouTube produzido por si próprio.

Painel superior: Um fotograma de Crosson em vídeo de movimento total, filmado na sua própria sala de estar. Painel inferior: Quadro da versão final, em que Crosson, fazendo-se passar por Barack Obama, "aparece" na Sala Leste da Casa Branca.

2.4 Metamateriais

Os metamateriais são materiais artificiais concebidos para terem propriedades que ainda não foram encontradas na natureza. São conjuntos de múltiplos elementos individuais fabricados a partir de materiais convencionais, como metais ou plásticos, mas os materiais são normalmente construídos em padrões repetitivos, muitas vezes com estruturas microscópicas. Os metamateriais derivam as suas propriedades não das propriedades de composição dos materiais de base, mas das suas estruturas concebidas com exatidão.

A sua forma, geometria, dimensão, orientação e disposição precisas podem afetar as ondas de luz (radiação electromagnética) ou de som de uma forma não observada nos materiais naturais. Estes metamateriais atingem os efeitos desejados através da incorporação de elementos estruturais de dimensões inferiores ao comprimento de onda, ou seja, características que são efetivamente mais pequenas do que o comprimento de onda das ondas que afectam (Engheta e Richard, 2006).

A investigação primária em Metamateriais investiga materiais que são capazes de inverter o índice de refração (Veselago, 1968). Estes materiais, conhecidos como Metamateriais de índice negativo, permitem ainda a criação de superlentes que podem aumentar consideravelmente a resolução ótica para além da capacidade das lentes convencionais, tornando-se uma solução para o problema secular dos sistemas limitados pela difração. Noutros trabalhos, foi demonstrada uma forma de "invisibilidade", pelo menos numa banda de onda estreita, com materiais de índice gradiente .

Embora os primeiros metamateriais tenham sido electromagnéticos, os metamateriais acústicos e sísmicos são também áreas de investigação ativa (Guenneau *et al.,* 2007). As aplicações potenciais dos metamateriais são diversas e incluem aplicações aeroespaciais remotas, deteção de sensores e infra-estruturas, gestão inteligente da energia solar, segurança pública, radomes, comunicações de alta frequência no campo de batalha e lentes para antenas de alto ganho, melhoria dos sensores ultra-sónicos e até proteção de estruturas contra sismos.

A investigação em metamateriais é interdisciplinar e envolve domínios como a engenharia eléctrica, a eletromagnetismo, a ótica clássica, a física do estado sólido, a engenharia de micro-ondas e antenas, a optoelectrónica, as ciências dos materiais, a nanociência, a engenharia de semicondutores, entre outros.

Fig.2.4 Metamateriais. (Fonte: Wikipedia)

Configuração de matriz de metamateriais de índice negativo, construída com ressonadores em anel de cobre e fios montados em placas de circuito impresso de fibra de vidro entrelaçadas. A matriz total é constituída por 3 células unitárias de 20x20 com dimensões totais de 10x100x100 mm (Shelby et al, 2001).

CAPÍTULO 3

3. MATERIAIS E MÉTODO

Aparelho:

* Caixa de cartão

* Transferidor

* Fita de embalagem

* Régua

* Tesoura

* Papel de construção branco

* Lanterna LED

* Papel de construção cor-de-rosa

* Medidor de lux

* Papel de construção azul

* Livro Branco

* Blocos de Lego

* Folha de alumínio

3.1 **Método:**

3.1.1 **criar o ambiente de teste**

1. Cubra as superfícies interiores de uma caixa de cartão com papel de construção cor-de-rosa.

2. Cole a parte do sensor de um medidor de Lux no interior da caixa ao longo da base de um

dos seus lados, deixando a parte do visor para fora da caixa.

3. Faça um buraco na parte lateral de uma caixa de cartão mesmo por cima do Luxímetro e coloque a lanterna LED no buraco, certificando-se de que o interrutor de ligar/desligar fica fora da caixa.

Fig.3.1.1a Ambiente de teste/configuração

4. Marque o centro da caixa a 18 centímetros de distância da lanterna e desenhe ângulos a partir do centro de 15 em 15 graus.

Fig.3.1.1b O ambiente de teste mostrando os ângulos que se estendem para fora do centro.

5. Crie um bloco de Lego que se destaque, de modo a que, se um avião de papel estivesse

em cima dele, ficasse alinhado com a lanterna.

3.1.2   Teste de formas 3D

6. Forme um cilindro com uma folha de papel branco e coloque-o na vertical dentro da caixa.

7. Coloque o cilindro no centro da caixa, diretamente em linha com a lanterna e marque a extremidade do cilindro que está mais próxima da lanterna.

8. Ligar o luxímetro.

9. Ligar a lanterna LED durante 3 segundos.

10. Ler a iluminância máxima medida em Lux e registar a medição com 3 ensaios.

11. Repetir as etapas 6-10 utilizando um cilindro amachucado, uma forma em W, uma forma em W amachucada, uma forma em V e uma forma em V amachucada.

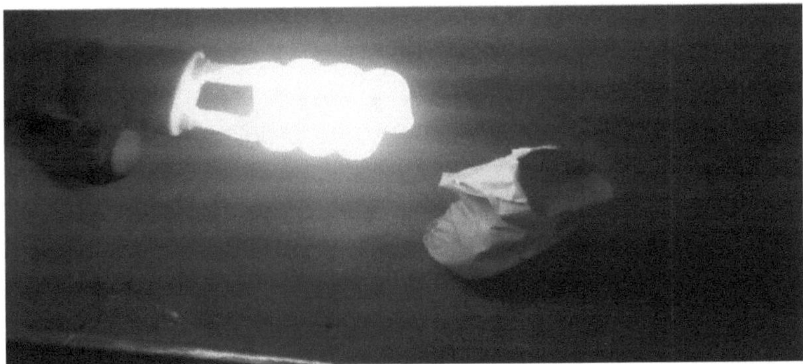

Fig. 3.1.2 Cilindro amassado feito de papel de construção branco.

Fig. 3.1.2b Forma de W com uma extremidade virada para a luz, feita com papel de construção cor-de-rosa.

12. Repita os passos 6-10 utilizando papel de construção branco, cor-de-rosa e azul, formando cilindros, formas em W e formas em V.

Fig. 3.1.2 c Forma de W com uma extremidade virada para a luz, feita com papel de construção azul.

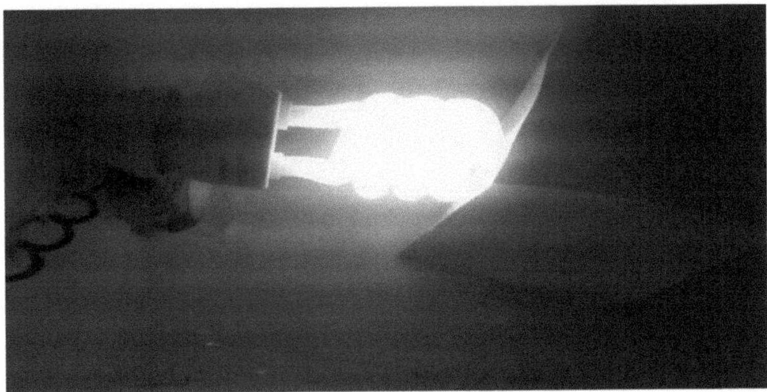

Fig.3.1.2.d Borda em forma de V afastada da luz feita com papel de construção cor-de-rosa.

3.1.3 Ensaio das formas dos aviões

13. Cria aviões de papel com os seguintes estilos:

a) Seta

b) Canard

c) Libélula

d) Asa furtiva

14. Coloque um dos aviões acima no centro do suporte.

15. Repetir os passos 8-10 com apenas um ensaio.

16. Repetir os passos 14 e 15, alterando o ângulo do avião em 15 graus, para obter 24 medições.

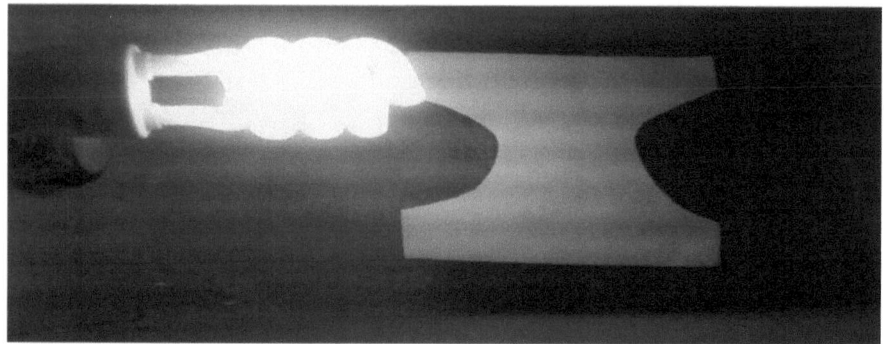

Fig.3.1.3a Mosca-dragão feita com papel de construção branco.

Fig. 3.1.3 b asa furtiva feita com papel de construção branco.

Fig.3.1.3 c Cabeça de seta feita com papel de construção branco.

Fig. 3.1.3 Canard d feito com papel de construção branco.

3.1.4 Ensaio de um avião de folha de alumínio com base nos resultados.

17. Crie o avião libélula utilizando papel de alumínio.

18. Repetir os passos 14-16 utilizando o avião acima referido.

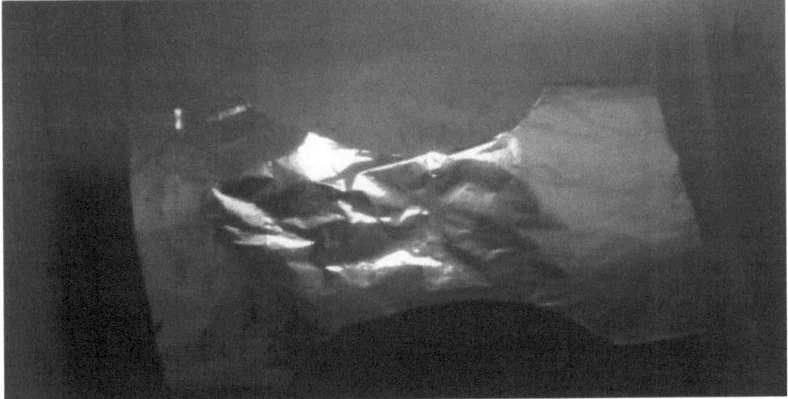

Fig.3.1.4 Mosca-dragão feita com folha de alumínio.

19. Crie o avião Libélula utilizando papel de construção azul sem as asas.

20. Repetir os passos 14-16 utilizando o avião acima referido.

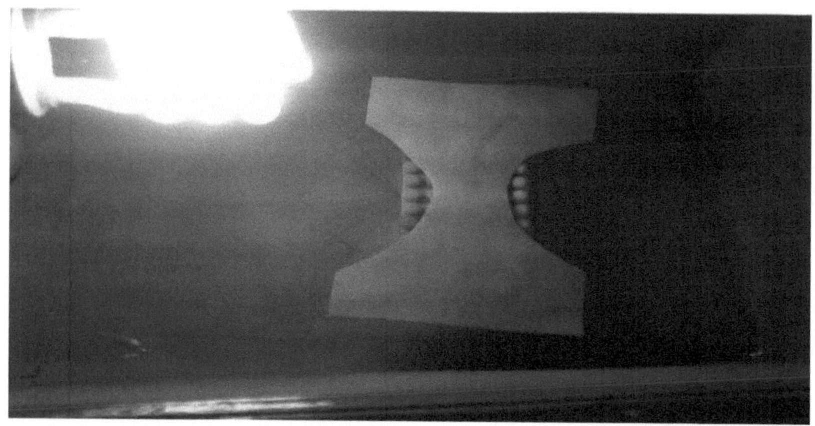

Fig.3.1.4 Mosca-dragão sem asas feita com papel de construção azul.

CAPÍTULO 4

4. Análise dos resultados e discussão

4.1 Resultado.

Quadro 4.1 Papel normal branco

S/N	SHAPES	1ST TRIAL(LX)	2ND TRIAL(LX)	3RD TRIAL(LX)	AVERAGE TRIAL(LX)
1	cylinder	1700	1800	1800	1767
2	Crumpled cylinder	1800	1800	1800	1800
3	w-shape(w_1)	1900	1900	1900	1900
	(w_2)	1900	1900	1900	1900
4	Crumpled w-shape(w_1)	2000	2000	2000	2000
	(w_2)	2600	2600	2600	2600
5	V-shape(V_1)	1800	1800	1800	1800
	(V_2)	2000	2000	2000	2000
6	Crumpled V-shape(V_1)	1900	1900	1900	1900
	(V_2)	2300	2300	2300	2300

W_1 - uma extremidade na direção da luz V_1 - extremidade na direção da luz

W_2 - duas extremidades na direção da luz V_2 - extremidade afastada da luz

Quadro 4.2 Papel de construção cor-de-rosa

S/N	SHAPES	1ST TRIAL(LX)	2ND TRIAL(LX)	3RD TRIAL(LX)	AVERAGE TRIAL(LX)
1	Cylinder	1600	1600	1600	1600
2	Crumpled cylinder	1700	1700	1700	1700
3	w-shape(w_1)	1600	1600	1600	1600
	(w_2)	1600	1600	1600	1600
4	Crumpled w-shape(w_1)	1700	1700	1700	1700
	(w_2)	1800	1800	1800	1800
5	V-shape (v_1)	1700	1700	1600	1700
	(v_2)	1800	1800	1800	1800
6	Crumpled V-shape(v_1)	1800	1800	1800	1800
	(v_2)	1900	1900	1900	1900

W_1 - uma extremidade na direção da luz V_1 - extremidade na direção da luz

W_2 - duas extremidades na direção da luz V_2 - extremidade afastada da luz

Quadro 4.3 Papel de construção branco

S/N	SHAPES	1ST TRIAL (LX)	2ND TRIAL(LX)	3RD TRIAL(LX)	AVERAGE TRIAL(LX)
1	Cylinder	1700	1700	1700	1700
2	Crumpled cylinder	1800	1800	1800	1800
3	w-shape(w_1)	1800	1800	1800	1800
	(w_2)	1900	1900	1900	1900
4	Crumpled w-shape(w_1)	1900	1900	1900	1900
	(w_2)	2600	2600	2600	2600
5	V-shape(v_1)	1600	1600	1600	1600
	(v_2)	1900	1900	1900	1900
6	Crumpled V-shape(v_1)	1800	1800	1800	1800
	(v_2)	2000	2000	2000	2000

W_1 - uma extremidade na direção da luz V_1 - extremidade na direção da luz

W_2 - duas extremidades na direção da luz V_2 - extremidade afastada da luz

Quadro 4.4 Papel de construção azul

S/N	SHAPES	1ST TRIAL(LX)	2ND TRIAL(LX)	3RD TRIAL(LX)	AVERAGE TRIAL(LX)
1	Cylinder	1400	1400	1400	1400
2	Crumpled cylinder	1600	1600	1600	1600
3	w-shape	1400	1400	1500	1433
		1500	1500	1500	1500
4	Crumpled w-shape	1700	1700	1700	1700
		1800	1800	1800	1800
5	V-shape	1600	1600	1600	1600
		1800	1800	1800	1800
6	Crumpled V-shape	1700	1700	1700	1700
		1900	1900	1900	1900

W_1 - uma extremidade na direção da luz V_1 - extremidade na direção da luz

W_2 - duas extremidades na direção da luz V_2 - extremidade afastada da luz

Quadro 4.5 Flecha (papel de construção branco)

S/N	Graus	Iluminância (lux)x10
1	15^0	169
2	30^0	170
3	45^0	172
4	60^0	174

5	75^0	177
6	90^0	173
7	105^0	166
8	120^0	172
9	135^0	175
10	150^0	170
11	165^0	168
12	180^0	168
13	195^0	166
14	210^0	163
15	225^0	158
16	240^0	153
17	255^0	154
18	270^0	156
19	285^0	151
20	300^0	164
21	315^0	156
22	330^0	158
23	345^0	159
24	360^0	157

Quadro 4.6 Canard (papel de construção branco)

S/N	Graus	Iluminância (lux)x10
1	15^0	151
2	30^0	154
3	45^0	156
4	60^0	156
5	75^0	155
6	90^0	155
7	105^0	158

8	120^0	160
9	135^0	161
10	150^0	159
11	165^0	160
12	180^0	160
13	195^0	161
14	210^0	160
15	225^0	160
16	240^0	161
17	255^0	159
18	270^0	160
19	285^0	161
20	300^0	163
21	315^0	162
22	330^0	161
23	345^0	159
24	360^0	161

Quadro 4.7 Mosca-dragão (papel de construção branco)

S/N	Graus	Iluminância (lux)x10
1	15^0	158
2	30^0	147
3	45^0	106
4	60^0	129
5	75^0	123
6	90^0	144
7	105^0	141
8	120^0	155
9	135^0	165
10	150^0	129

S/N	Graus	Iluminância (lux)x10
11	165^0	116
12	180^0	115
13	195^0	143
14	210^0	137
15	225^0	156
16	240^0	134
17	255^0	138
18	270^0	136
19	285^0	140
20	300^0	150
21	315^0	148
22	330^0	151
23	345^0	157
24	360^0	164

Quadro 4.8 Asa furtiva (papel de construção branco)

S/N	Graus	Iluminância (lux)x10
1	15^0	162
2	30^0	160
3	45^0	178
4	60^0	179
5	75^0	171
6	90^0	168
7	105^0	165
8	120^0	161
9	135^0	156
10	150^0	160
11	165^0	163
12	180^0	162
13	195^0	161

14	210^0	163
15	225^0	165
16	240^0	158
17	255^0	160
18	270^0	155
19	285^0	159
20	300^0	163
21	315^0	164
22	330^0	166
23	345^0	167
24	360^0	164

Quadro 4.9 Mosca do dragão com folha de alumínio

S/N	Graus	Iluminância (lux)x10
1	15^0	161
2	30^0	163
3	45^0	200
4	60^0	188
5	75^0	196
6	90^0	178
7	105^0	167
8	120^0	163
9	135^0	161
10	150^0	164
11	165^0	162
12	180^0	159
13	195^0	165
14	210^0	162
15	225^0	163
16	240^0	161

S/N	Graus	Iluminância (lux)x10
17	255^0	163
18	270^0	165
19	285^0	162
20	300^0	164
21	315^0	165
22	330^0	167
23	345^0	166
24	360^0	164

Quadro 4.10 Mosca-dragão com papel de construção azul sem asa

S/N	Graus	Iluminância (lux)x10
1	15^0	164
2	30^0	162
3	45^0	159
4	60^0	163
5	75^0	164
6	90^0	167
7	105^0	164
8	120^0	161
9	135^0	162
10	150^0	163
11	165^0	164
12	180^0	165
13	195^0	164
14	210^0	163
15	225^0	166
16	240^0	168
17	255^0	163
18	270^0	164
19	285^0	163

20	300^0	165
21	315^0	164
22	330^0	165
23	345^0	166
24	360^0	165

4.2 Análise

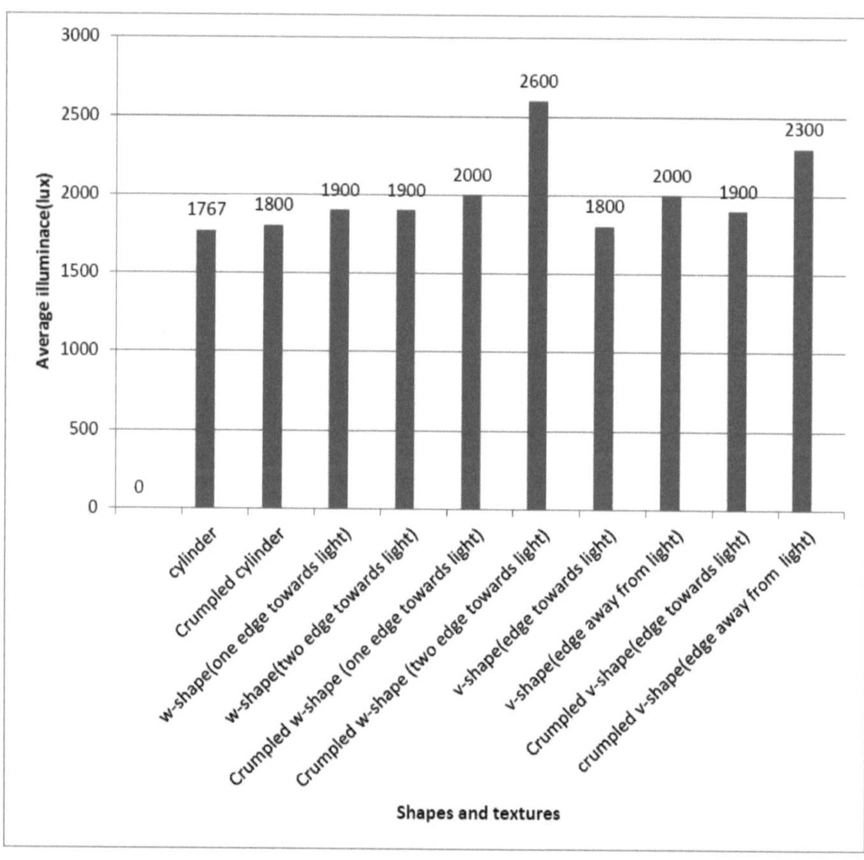

Fig. 4.2.1 Iluminância (lux) de diferentes formas e texturas utilizando papel branco liso.

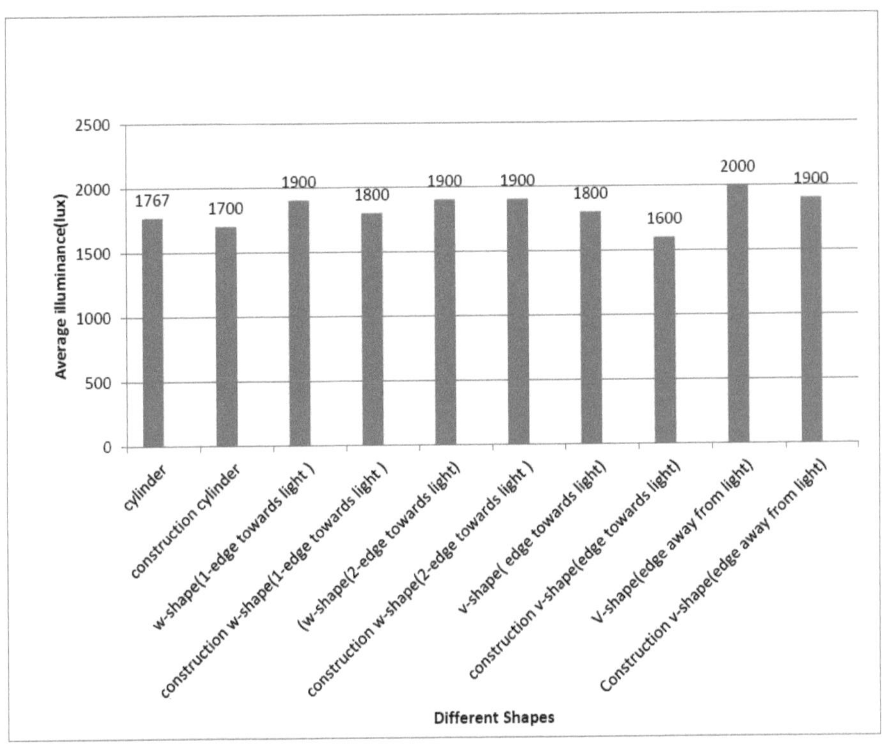

Fig.4.2.2 Iluminância (lux) de papel branco simples vs. papel de construção branco.

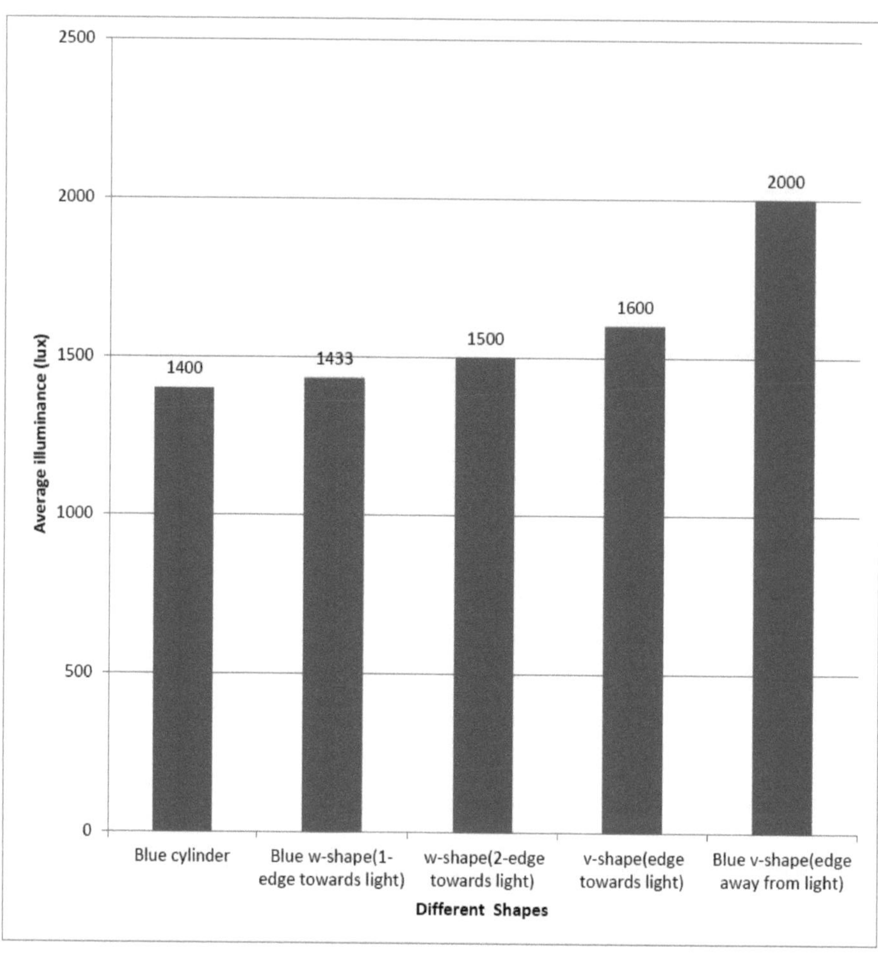

Fig. 4.2.3 Iluminância (lux) de diferentes formas utilizando papel de construção azul.

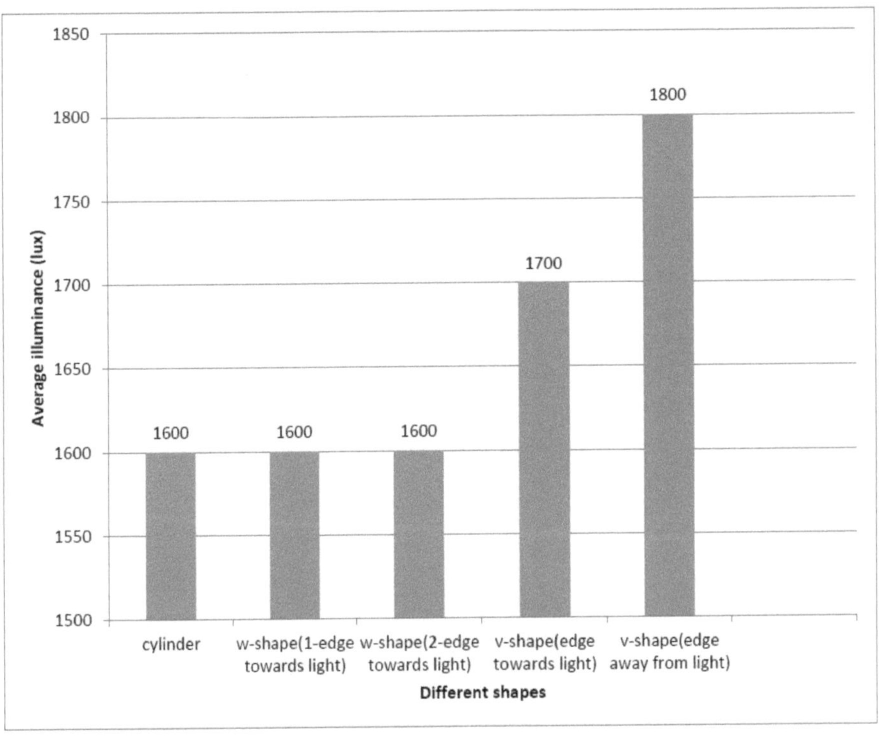

Fig.4.2.4 Iluminância (lux) de diferentes formas utilizando papel de construção cor-de-rosa.

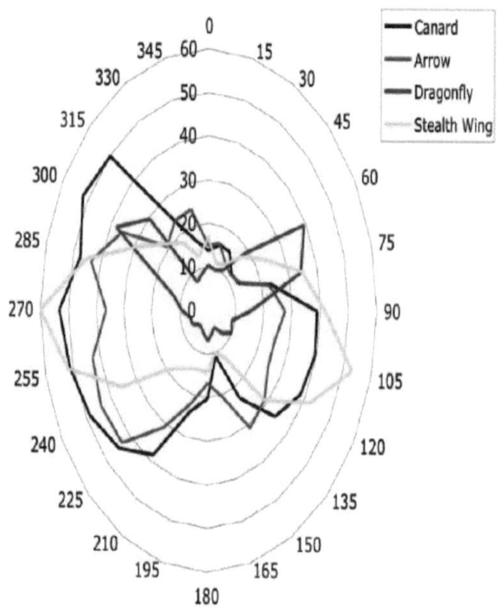

Fig. 4.2.5 Iluminância (Lux) de diferentes formas de avião

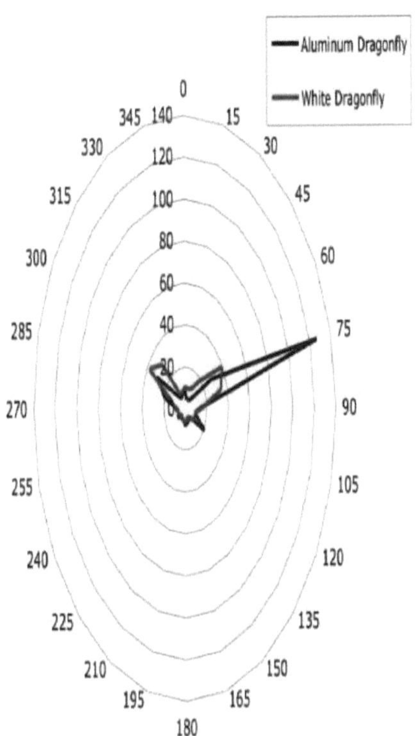

Fig.4.2.6. Iluminância (lux) da libélula branca vs. libélula de alumínio.

4.2.1 Discussão.

1. As formas amassadas espalharam sempre mais luz do que as formas não amassadas. (Fig. 1)

2. Utilizando papel branco liso, a forma cilíndrica é a que dispersa menos luz e a forma em W amachucado (2 margens na direção da luz) é a que dispersa mais luz. (Fig. 1)

3. Utilizando papel branco liso, todas as formas, com exceção da forma cilíndrica, dispersaram mais luz do que o cilindro amachucado e a forma em V (1 extremidade na direção da luz). (Fig. 1)

41

4. Utilizando papel de construção, a forma W branca amachucada (com 2 arestas afastadas da luz) foi a que dispersou mais luz entre todas as formas brancas. (Fig. 2)

5. Utilizando papel de construção, a forma em V amachucada rosa e azul (bordo afastado da luz) foi a que dispersou mais luz entre todas as formas rosa e azuis. (Fig. 3 e 4)

6. Utilizando papel de construção, a forma cilíndrica é a que dispersa menos luz para cada cor (Fig. 2, 3 e 4).

7. As formas feitas com papel branco liso espalharam sempre mais luz do que as formas feitas com papel de construção. (Fig. 2)

8. Comparando os aviões brancos, o avião Canard é o que dispersa menos luz e o avião Dragonfly é o que dispersa mais luz. (Fig. 5)

9. Entre todos os aviões brancos, o avião Stealth Wing, com um ângulo de 60 graus, registou a iluminação mais elevada, que foi de 179 Lux. Entre todos os aviões, o Dragonfly de alumínio, num ângulo de 45 graus, registou a iluminação mais elevada, que foi de 200 Lux. (Fig. 5 e 6)

10. Embora a libélula de alumínio tenha registado a maior iluminância, no geral, dispersou mais luz do que a libélula branca. (Fig. 6)

11. Entre todos os aviões testados, o avião Dragonfly branco, com um ângulo de 45 graus, registou a iluminação mais baixa, que foi de 106 Lux. (Fig. 6)

CAPÍTULO 5

CONCLUSÃO E RECOMENDAÇÃO

5.1 Conclusão

Este projeto foi realizado com o objetivo de determinar quais as formas, materiais de textura e tipos de aviões que reflectem mais luz, tornando-os invisíveis ou menos visíveis à deteção por radar. Estas formas e aviões devem ser colocados numa caixa, cuja fonte de luz deve ser ligada, e é utilizado um luxímetro para medir a quantidade de luz reflectida pelas formas em direção à parte do sensor do luxímetro que se encontra dentro da caixa, sendo que a forma de automóvel ou de avião que dispersa mais luz será a melhor forma de automóvel ou de avião com a sua cor de textura para escapar à deteção por radar.

As formas amassadas espalharam mais luz do que as formas não amassadas porque criam muitas superfícies com ângulos pequenos, que ajudam a espalhar a luz e as ondas de rádio utilizadas na deteção de radares. A hipótese #1 estava correcta.

1. A hipótese n.º 2 estava correcta. Estava correcta porque, utilizando papel branco liso e papel de construção branco, a forma em W amassado (2 arestas viradas para a luz) dispersou a maior parte da luz porque tem muitas superfícies planas e arestas vivas, qualidades que diminuem a quantidade de luz reflectida para um detetor de radar. A hipótese n.º 2 também estava correcta porque a forma cilíndrica, construída com papel de construção de cada cor, era a que dispersava menos luz.

2. A hipótese nº 3 estava incorrecta. As formas feitas com papel branco liso espalharam sempre mais luz do que as formas feitas com papel de construção, devido à sua espessura.

3. Ao comparar os aviões brancos, o avião Canard dispersou menos luz porque tem muitas

superfícies planas na parte lateral, o que pode fazer com que a luz bata diretamente no avião e seja detectada pelo Luxímetro. O avião Dragonfly é o que dispersa mais luz porque tem uma superfície muito plana na parte superior e também é mais pequeno do que muitos outros aviões, pelo que muito pouca luz será reflectida para o Luxímetro. A hipótese n.º 4 estava incorrecta.

4. A hipótese #5 estava incorrecta. Embora a libélula de alumínio tenha registado a maior iluminância individual a 45 graus, no geral, dispersou mais luz do que a libélula branca porque a folha de alumínio estava ligeiramente amassada, o que dispersou mais luz.

5. Em conclusão, demonstrei que um avião com superfícies angulares afiadas e texturas rugosas, que simulam materiais compósitos, pode ajudar a reduzir a sua secção transversal ao radar e torná-lo invisível.

6. Existem algumas razões pelas quais a minha experiência resultaria em medições incorrectas. A utilização de um bloco de Legos para colocar cada avião não simula exatamente a secção transversal do radar de um avião. No entanto, o bloco é o mesmo para cada avião, pelo que é possível comparar os aviões. Alguns aviões são maiores do que outros, resultando frequentemente numa distância mais próxima da fonte de luz, o que também pode ter um efeito na sua secção transversal do radar.

7. Para experiências futuras, seria útil utilizar ondas de rádio reais como fonte em vez de luz, de modo a eliminar o efeito da cor do objeto. Também pode ser interessante alterar a distância do avião à fonte, a altura do avião em relação à fonte e o tamanho de cada avião, uma vez que estes factores também podem afetar a sua secção transversal de radar. Os ângulos das diferentes formas, a orientação das diferentes formas, os materiais utilizados para fazer cada forma e a orientação da fonte de luz também podem ser alterados.

5.2 Recomendação

A partir da experiência efectuada, verificou-se que, entre as formas de automóveis e de aviões, a mosca do dragão feita com folha de alumínio é a que dispersa mais luz entre todos os aviões e formas de automóveis 3D, que dispersa a maior iluminância de 200 lux num ângulo de 45 graus. Assim, para efeitos futuros, recomenda-se que, para escapar à deteção por radar, a forma de uma mosca-dragão feita com a cor da textura de uma folha de alumínio seja a melhor para escapar à deteção por radar, ou seja, é a melhor no sentido em que será invisível ou menos visível para a deteção por radar.

Referências

Engheta, N., e Richard W.Z. (2006). *Metamateriais: Physics and Engineering Explorations.* (2ª ed.) Londres, Inglaterra: Wiley & Sons. (pp. 117-142)

Guenneau, S. B., Movchan, A., Petursson, G., e Anantha, R.S. (2007). Acoustic Metamaterials for sound focusing and confinement. *New Journal of Physics 9 (11): 399.* doi: 10.1088/1367-2630/9/11/399.

Josh, C. (2007). O exército está a testar um tanque invisível. Recuperado de http:// HowStuffWorks.com

Monticone, F., e Alu, .A. (2003). *Do cloaked objects shine brightly.* Recuperado de http:// Journals.aps.org/ abstract/10.1103/Phys.RevX.3.041005.

Risson, K. (2015). O que é Chroma Key. Recuperado de http:// Lumeo.com/chroma-key

Shelby, R. A., Smith, D.R., Schultz, S., e Nemat, S.C. (2001). Transmissão de micro-ondas através de um metamaterial bidimensional, isotrópico e canhoto. *Applied Physics Letters,* 78 (4):489. doi: :10.1063/1.1343489.

Sledge, G. (2013). Indo aonde ninguém foi antes. *Revista do Discovery Channel 3(3):11-13.*

Tony, S. (2004). Desapareceu em menos de 60 segundos! . *Daily Mail (Londres).* (pp. 5-11)

Veselago, V. G. (1968). A eletrodinâmica de substâncias com valores simultaneamente negativos de permissividade e permeabilidade. *Física SoviéticaUspekhi 2(5):11-14*

Wilson, A. (2011). O efeito Chroma. Recuperado de http:// Tutorial de Chroma Key. BorisFX.

yes
I want morebooks!

Buy your books fast and straightforward online - at one of world's fastest growing online book stores! Environmentally sound due to Print-on-Demand technologies.

Buy your books online at
www.morebooks.shop

Compre os seus livros mais rápido e diretamente na internet, em uma das livrarias on-line com o maior crescimento no mundo! Produção que protege o meio ambiente através das tecnologias de impressão sob demanda.

Compre os seus livros on-line em
www.morebooks.shop

info@omniscriptum.com
www.omniscriptum.com

Printed by Books on Demand GmbH, Norderstedt / Germany